Auguste Laugel

Nouvelle théorie
d'histoire naturelle

essai

ISBN : 978-1534715271

10 9 8 7 6 5 4 3 2 1

Auguste Laugel

Nouvelle théorie d'histoire naturelle

essai

Table de Matières

Introduction

Les êtres si nombreux qui jouent un rôle, important ou modeste, sur le théâtre animé de notre planète, présentent des rapports en même temps que des contrastes infinis : ils habitent l'air, l'eau, la terre ferme, diffèrent par la grandeur, la couleur, les détails de l'organisation, le nombre et la délicatesse des sens, la durée de l'existence ; ils sont mobiles ou fixes, forts ou faibles, indépendants ou parasites. On peut s'étonner à bon droit qu'avec le petit nombre d'éléments simples qu'elle met en œuvre, la nature puisse donner naissance à tant de formes et faire circuler le principe de la vie dans des organismes si variés. Le naturaliste qui veut connaître tous ces types si divers les range suivant un ordre hiérarchique ; il les classe et les décrit successivement. Ainsi Homère, quand il fait défiler devant nous l'armée grecque, raconte l'histoire de tous les chefs. Les classifications sont indispensables pour l'étude ; les catégories qui s'y échelonnent sont l'expression à la fois des ressemblances et des dissemblances, des affinités et des répulsions naturelles. Sans ce laborieux travail d'analyse, le tableau du monde ne serait guère plus instructif qu'une de ces charmantes toiles où Breughel nous représente la multitude confuse des animaux qui faisaient cortège à nos premiers parents dans le paradis terrestre : gazelles et tigres, brebis et lions errent ensemble sur les beaux gazons de l'Éden ; la trompe de l'éléphant se balance à côté du maigre cou de la girafe, parmi de grands arbres couverts de fleurs fantastiques.

La classification est le fil qui nous guide dans le dédale de la nature ; mais il faut bien se garder de croire qu'elle ait une valeur propre, ou, pour employer un langage philosophique, objective. Nos divisions ne sont que des formes que l'esprit façonne à son gré pour y déposer les lambeaux de vérité qu'il est capable de saisir. Nous procédons comme le peintre, qui, en commençant un tableau, trace d'abord des contours sur la toile, bien que dans ce qu'il veut représenter il n'y ait pas de lignes sans épaisseur, mais seulement des corps étendus, de forme et de couleur variables ; l'œuvre de l'artiste achevée, le contour géométrique a disparu. Nos classes, nos familles, nos genres, sont en quelque sorte les contours qui nous permettent de garder dans notre mémoire la trace d'innombrables observations. Chercher, comme on le fait,

Auguste Laugel

la variété dans l'unité, l'unité dans la variété, n'est qu'une façon d'interpréter la nature, et l'on conçoit sans peine qu'une pareille interprétation donne matière à de perpétuels commentaires. Les érudits qui cherchent la clé d'une langue inconnue ne sont pas plus divisés entre eux que ceux qui ambitionnent de lire dans le livre mystérieux de la vie, d'en comprendre le caractère et le sens caché.

Y a-t-il dans l'histoire naturelle, comme dans les autres sciences, quelque chose de fixe, une base sur laquelle puisse s'appuyer l'édifice, un élément qui serve tantôt à composer, tantôt à décomposer l'ensemble ? Dans l'arithmétique, cette unité fondamentale est le nombre ; dans la chimie, c'est l'atome ; dans la mécanique, la force. L'unité admise par la plupart des naturalistes est l'*espèce* ; mais ce point essentiel de la doctrine n'est pas à l'abri de la critique : la définition, les caractères de l'espèce, ont été l'objet de fréquentes et d'ardentes contestations. Tandis que les uns l'envisagent, avec Buffon, comme une forme immuable, fixe, la regardent comme un produit direct et achevé de la puissance créatrice, d'autres ne veulent y voir qu'une simple catégorie, purement subjective, comme toutes celles qui encombrent nos classifications : pour ces derniers, il n'y a de réalité que dans l'individu. Un exemple bien saisissant fera comprendre combien l'on est encore loin de s'accorder sur ce qu'il faut entendre par l'espèce : il suffit de rappeler les interminables débats auxquels a donné lieu l'espèce humaine elle-même. Faut-il rapporter l'immense collection des êtres que nous honorons du nom d'hommes à une seule ou à plusieurs espèces ? Descendent-ils d'une souche unique ou de souches diverses ? L'anthropologie, l'ethnographie, la phrénologie, la philologie, la critique religieuse elle-même, ont abordé tour à tour ce problème si important de nos origines ; étonnerai-je quelqu'un en disant que leurs réponses contradictoires nous laissent encore indécis et sceptiques ? Il faut bien l'avouer, nous ne nous connaissons pas encore nous-mêmes : si nous nous tournons vers le passé, nous pouvons à peine remonter le courant de quelques siècles ; l'homme primitif nous échappe : quelques grossiers débris de silex, des traditions bizarres et confuses, voilà tout ce qui nous en reste. Suivant le caprice de l'imagination, nous pouvons nous figurer l'enfance de nos races sous les couleurs les plus poétiques ou les plus affreuses, l'embellir de tout ce que la spontanéité, la virginité de l'âme ont de plus gracieux, ou l'humilier sous le déplaisant souvenir des sacrifices faits aux instincts les plus bas, et des luttes sans gloire soutenues contre l'inclémence de toutes les forces naturelles. Si au contraire nous regardons vers l'avenir, y a-t-il rien qui nous autorise à espérer que notre espèce puisse jamais se modifier, réaliser un idéal de beauté, d'intelligence et de force plus élevé ? ou devons-nous croire que la brutalité, la laideur et la bassesse soient à jamais le lot de la grande majorité, que les hommes doivent sans cesse tout perfectionner autour d'eux, sauf eux-mêmes ?

Suivant que nous fixons notre croyance à la théorie longtemps victorieuse de l'immutabilité des espèces ou à celle de la transformation progressive et graduée des formes organiques, nous voyons s'ouvrir devant nos yeux des perspectives différentes et tout opposées. Dans le premier cas, le divorce éclatant entre la grandeur de nos désirs, la hardiesse, la hauteur de nos pensées et l'exiguïté de nos moyens, entre ce que Pascal nommait si énergiquement l'ange et la bête, nous apparaît comme une contradiction permanente et nécessaire dont les termes ne peuvent varier ; dans le second, ce n'est plus qu'une des phases transitoires du mouvement qui emporte toute chose créée vers l'éternel beau et l'éternel bien.

On voit quelle importance s'attache à des questions qui constituent, pour ainsi parler, la philosophie de l'histoire naturelle : méconnaître cette importance serait faire preuve d'une véritable petitesse d'esprit. Je sais bien que l'homme, qui s'intitule volontiers le roi de la nature, n'aime guère qu'on lui rappelle par quels liens directs il tient à cette nature qu'il régit. Il est pourtant comme tous les autres animaux soumis à ces lois mystérieuses et fatales qui règlent la propagation de l'espèce, la transmission des ressemblances, des anomalies, des principes morbides, l'extension ou le dépérissement des races. Notre orgueil est chaque jour humilié par les dépendances nombreuses dont nous sentons directement les effets. Et combien d'autres dépendances cachées pèsent sur nous, comme ces chaînes auxquelles l'esclave s'est si bien accoutumé, qu'il oublie qu'il les traîne après lui ! Sachons pourtant ne pas craindre la vérité, osons étudier l'homme en naturalistes aussi bien qu'en érudits et en philosophes ; remontons à son passé le plus lointain ; cherchons-le dans ces vieux monuments où nous le voyons lutter corps à corps avec les animaux les plus farouches ;

ramassons dans le limon déposé il y a plusieurs siècles les grossiers instruments qui ont servi à ses premières luttes ; étudions les actions par lesquelles les espèces animales se subdivisent en variétés, et recueillons ainsi précieusement toutes les analogies qui peuvent nous éclairer sur l'origine des races humaines. C'est à ce dernier sujet que M. Charles Darwin vient de consacrer un livre qui a du premier coup excité la plus vive curiosité, soulevé de violentes critiques et de vives admirations. La réputation de M. Darwin comme naturaliste est déjà ancienne ; il fit autrefois le tour du monde sur le *Beagle*, et à son retour publia des souvenirs de voyage pleins de charme, des ouvrages relatifs à divers phénomènes naturels, notamment à la formation des îles de corail dans l'Océan-Pacifique. Toutefois le livre consacré à « l'origine des espèces » a une portée bien supérieure à ces anciens travaux ; c'est le résultat de longues années d'étude et de patiente observation, l'exposé d'une théorie zoologique originale qui embrasse tout l'ensemble des phénomènes du monde organique, et qui est digne du plus sérieux examen.

Chapitre I

En se plaçant au point de vue le plus vraiment philosophique, on ne doit considérer le règne animal que comme une réunion d'individus ; mais, pour les besoins de la science, on attribue depuis longtemps le nom d'*espèce* à la collection des individus semblables, produits par d'autres individus semblables. Ces ressemblances sont-elles absolues ? Non, sans doute. Il y a longtemps qu'on l'a dit : il n'y a pas deux feuilles identiques dans une forêt ; de même on peut affirmer qu'il n'y a jamais une similitude parfaite entre deux hommes, deux chevaux, deux chiens. Parmi les caractères qui distinguent les membres d'une même espèce, il faut pourtant faire deux parts : les uns sont purement accidentels et personnels, les autres sont transmissibles et permanents. Une taille plus ou moins haute, des tons variables dans la couleur des cheveux, des yeux, toutes ces particularités qu'on aperçoit du premier coup d'œil dans un salon ou dans une foule sont d'un tout autre ordre que les différences bien plus profondes qui distinguent l'Européen du nègre, du Chinois, de l'Indien des prairies. Le massif bouledogue, le chien des Pyrénées sont, tout comme le carlin et le *king-charle's*, rangés par les naturalistes dans l'espèce chien ; mais les caractères qui les séparent, bien que n'étant pas spécifiques, sont assez prononcés, assez permanents, pour qu'on soit obligé de subdiviser l'espèce en ce que l'on nomme des *variétés*, analogues à nos *races* humaines. L'homme, chacun le sait, a créé lui-même une foule de variétés : il a modifié, il modifie encore à l'infini les fleurs, les arbres fruitiers ; il a fait des bœufs sans cornes, des porcs aux proportions monstrueuses ; il alourdit à son gré le cheval pour le trait ou l'allonge pour la course. « Lord Somerville, nous raconte M. Darwin en parlant des résultats obtenus par les éleveurs de moutons, disait avec raison : Il semblerait qu'ils aient dessiné sur un mur à la craie une forme parfaite, puis qu'ils aient donné l'existence à cette image. » Un très habile éleveur, sir John Sebright, avait coutume de dire, au sujet des pigeons, qu'il pouvait en trois années obtenir tel plumage qu'il désirait, mais qu'il lui en fallait six pour la tête et le bec.

Si les espèces, suivant l'expression hardie de Buffon, étaient « les seuls êtres de la nature, » les caractères qui ne sont pas spécifiques, qui ne font point partie, en quelque sorte, du type fondamental, ne devraient jamais se perpétuer. Bien des exemples prouvent pourtant qu'ils se transmettent. Qui n'a entendu parler du nez des Bourbons, de la lèvre autrichienne ? Un médecin célèbre de Paris a les deux petits doigts des mains entièrement courbés, et cette singularité remonte à plusieurs générations. Je connais deux familles dont tous les membres offrent une disposition des dents très particulière : dans l'une, les deux incisives principales sont séparées par un intervalle d'une grandeur tout à fait inusitée ; dans l'autre, les racines des molaires sont tellement recourbées en forme de crochet, que l'extraction en est presque impossible. Le docteur Prosper Lucas a rempli deux volumes, singulièrement curieux, d'exemples de ce genre.[1] C'est en discernant avec habileté les caractères susceptibles d'une transmission régulière que les éleveurs parviennent à modifier et à créer artificiellement des races, car, en réglant avec soin la succession des générations, on avance pas à pas vers le but que l'on veut atteindre. Le résultat

---

1 *Traité de l'Hérédité naturelle dans les états de santé et de maladie du système nerveux*, par le docteur Prosper Lucas, 2 vol. in-8°. Paris, 1847-1850.

Auguste Laugel

définitif renferme la somme totale de tous les progrès partiellement accomplis. Ce procédé se nomme la *sélection*. En Saxe, l'importance de ce principe est si bien comprise pour les moutons mérinos, que la sélection y est devenue un métier : on met les moutons sur une table, et on les étudie comme un connaisseur examine un tableau : cela se renouvelle tous les mois, et chaque fois les moutons sont marqués et classés ; les meilleurs seulement sont définitivement choisis comme reproducteurs. « C'est en partie, dit M. Milne Edwards dans son *Traité de Zoologie*, à des soins de cette nature que les chevaux arabes doivent leur réputation si bien méritée. Les Arabes attachent une telle importance à la pureté de leurs chevaux nobles, appelés *kochlané*, que la filiation en est toujours constatée par des actes authentiques. Ils font remonter à près de deux mille ans la généalogie connue de plusieurs de ces beaux animaux, et il en est dont la lignée peut être démontrée par des preuves écrites pendant une série de quatre siècles. »

Les *variétés* ou *races* ont en histoire naturelle une importance qui ne peut plus échapper aux zoologistes : on n'en est plus au temps où l'on admettait que l'embryon est l'animal en miniature, doctrine qui peut se résumer dans le proverbe populaire : « le chêne est contenu dans le gland. » Nous ne croyons plus, avec Swammerdam et Malebranche, que le premier embryon créé pour chaque espèce contenait nécessairement en lui-même les germes de tous les individus destinés à perpétuer l'espèce pendant la série indéfinie des siècles. Cette fameuse théorie de la préexistence des germes n'a pas résisté à l'observation : Wolf, Blumenbach, von Baer, l'ont remplacée par la doctrine de l'épigenèse. Nous savons parfaitement aujourd'hui que l'embryon n'est pas la miniature fidèle de l'adulte, que la spécification des caractères ne s'y opère que par degrés, et que les organes se forment successivement aux dépens en quelque sorte les uns des autres. Les notions anciennement répandues sur la nature de l'espèce ne peuvent s'accorder avec ces découvertes : la fausseté en est encore plus évidente quand on remarque que certains caractères, pour n'être pas spécifiques, se transmettent pourtant régulièrement, et ne peuvent être par conséquent envisagés comme des déviations purement accidentelles d'un type idéal et théorique.

Certaines variétés ont si bien détrôné les types primitifs, que nous ne pouvons plus, malgré tous les efforts, réussir à retrouver ces derniers : en vain cherche-t-on quelques-unes de nos plantes à l'état sauvage ; nous ne pouvons, dans beaucoup de cas, affirmer si certaines races proviennent d'une seule ou de plusieurs espèces. Qui pourra nous dire si tous nos chevaux descendent d'un seul cheval sauvage, tous nos moutons d'un seul mouton ? Quelques auteurs ont poussé jusqu'à l'absurde la doctrine qui fait remonter les races à des types aborigènes distincts. « Ils croient, dit M. Darwin, que toute race capable de se propager en conservant ses caractères propres, si insignifiants que ceux-ci soient d'ailleurs, a eu un prototype sauvage. À ce compte, il a dû y avoir autrefois bien des espèces de bœufs, de moutons, de chiens sauvages dans l'Europe entière et même dans la Grande-Bretagne. » C'est là une exagération ridicule ; pour s'en convaincre, il suffit d'examiner la liste des mammifères européens qui ne sont pas à l'état domestique ; l'Angleterre ne peut en revendiquer qu'un en propre, la France en a peu qui diffèrent de ceux de l'Allemagne ; la Hongrie, l'Espagne, l'Italie, ne sont guère plus riches.

Il y a peu d'espèces domestiques qui offrent autant de races, et des races aussi dissemblables, que le chien. Les termes extrêmes sont assez différents pour que M. Darwin lui-même admette qu'il a dû y avoir plusieurs types primitifs ; mais ne faut-il pas penser avec lui qu'un très grand nombre de variétés sont simplement dues à l'hérédité de certains caractères de mieux en mieux dessinés parmi les descendants d'une même lignée ? « Qui pourra croire, dit-il avec infiniment de raison, que des animaux très semblables au lévrier d'Italie, au bouledogue, à l'épagneul de Blenheim, animaux si différents des canidés sauvages, aient jamais existé à l'état de liberté dans la nature ? On a souvent dit, un peu légèrement, que toutes nos races de chiens ont été produites par le croisement d'un petit nombre d'espèces aborigènes ; mais nous ne pouvons par le croisement obtenir que des formes intermédiaires en quelque façon entre celles même des parents. Si donc nous nous rendons compte de nos races domestiques par ce moyen, il faut admettre l'existence préalable, à l'état sauvage, des formes les plus exagérées, telles que celles du lévrier d'Italie, du bouledogue, etc. Au reste, la possibilité de créer des races bien distinctes par le croisement a été singulièrement exagérée. Il n'y a pas de doute qu'une race puisse

Auguste Laugel

à l'occasion recevoir quelque modification par des croisements ; mais il faut opérer soigneusement la sélection des métis qui présentent les caractères que l'on recherche. » Le croisement sans la sélection ne fournit que des produits hétérogènes, sans aucune fixité ; la sélection seule donne aux types organiques l'uniformité et la permanence ; application la plus intelligente du grand principe de l'hérédité naturelle, elle a pour effet de subdiviser les espèces en variétés de plus en plus nombreuses et de mieux en mieux définies. Les différences qui servent à classer les races peuvent-elles, à la longue, devenir assez profondes pour qu'il soit impossible d'en distinguer les caractères de ceux qu'on nomme, à proprement parler, spécifiques ? Si l'on répond à cette question par l'affirmative, la ligne qui sépare la simple variété de l'espèce n'est plus infranchissable : c'est une barrière qui s'élève et s'abaisse au gré de mille circonstances extérieures, mais peut finir par s'effacer. Peu de zoologistes sont disposés à sanctionner une semblable induction. Habitués aux lignes régulières et savamment dessinées de la classification ordinaire, ils ne veulent pas s'aventurer sur le sable mouvant d'une théorie qui fait sortir les espèces les unes des autres par une sorte d'évolution perpétuelle.

La plasticité des formes organiques a, dit-on souvent, des limites infranchissables. L'œuvre de la sélection rencontre, dans quelque sens qu'elle s'opère, un terme fatal. Les moyens artificiels employés pour créer des races nouvelles n'ont jamais abouti à de véritables espèces, puisque les individus appartenant aux variétés obtenues par ces moyens ont toujours pu être croisés, et donnent naissance à des produits féconds. Le croisement des espèces proprement dites amène au contraire la stérilité. En condamnant les hybrides à l'impossibilité de se propager, la nature semble avoir voulu empêcher la confusion des formes auxquelles elle a communiqué l'existence. Je ne cherche pas, on le voit, à amoindrir l'objection des partisans de l'école de Buffon et de Cuvier ; mais examinons si le phénomène de la reproduction trace en réalité une ligne de séparation aussi tranchée entre les espèces et les races. Cette question des hybrides est assurément une de celles qui, en histoire naturelle, demeurent entourées de plus d'obscurité ; le jour commence à peine à y pénétrer, surtout dans le règne végétal, grâce aux beaux travaux botaniques de deux naturalistes allemands, Gärtner et Kölreuter.

Sans réussir à expliquer les mystères de la propagation, ces savants ont du moins enrichi la science de faits extrêmement curieux ; ils ont ébranlé les idées absolues qui ont eu longtemps cours sur le sujet difficile dont ils ont abordé l'investigation. Les expériences de Gärtner sont d'autant plus précieuses, qu'elles avaient été entreprises dans l'intention spéciale de démontrer la stérilité des hybrides provenant du croisement de deux espèces distinctes, et la fécondité des métis qui résultent du croisement des simples sous-espèces ou variétés. Ces expériences font voir que, si l'on préserve des plantes hybrides du pollen des plantes qu'on a mariées, les hybrides manifestent une disposition à la stérilité qui augmente de génération en génération. La germination s'est quelquefois arrêtée très rapidement ; mais avec certains végétaux M. Gärtner l'a vue se renouveler jusqu'à huit fois. Observons d'ailleurs, comme le fait à bon droit M. Darwin, que des plantes soumises à des expériences et complètement isolées sont dans des conditions anomales très défavorables au point de vue de la reproduction. La fécondité des plantes ordinaires a besoin, pour être surexcitée, du libre et continuel mouvement des germes, et la disposition à la sociabilité, est si marquée dans le règne végétal, que la plupart des plantes hermaphrodites elles-mêmes sont plutôt fécondées par leurs voisines que par leur propre substance.

Les horticulteurs savent qu'il y a beaucoup de plantes hybrides fécondes. « On a pu de façons bien diverses croiser les nombreuses espèces de pelargonium, de fuchsia, de calceolaria, de pétunia, de rhododendron, et beaucoup de ces hybrides donnent de la graine. Si les hybrides, bien entretenus, diminuaient de fertilité à chaque génération, comme le croit Gärtner, les jardiniers ne pourraient ignorer ce fait. » Dans le règne animal, la stérilité des hybrides paraît infiniment plus marquée que dans le règne végétal. M. Darwin déclare hautement qu'il ne connaît pas un seul exemple parfaitement authentique d'hybride animal fécond. Il ajoute que le phénomène de la génération est bien plus facilement gêné chez les animaux que chez les plantes. On sait très bien que la captivité suffit pour y mettre obstacle dans beaucoup d'espèces. Les anomalies, soit intérieures, soit organiques, affectent avant toute autre chose ce je ne sais quoi de profond et de mystérieux d'où dépend la transmission régulière du principe vital. Et quelle plus grande anomalie peut-on imaginer qu'une double organisation, empruntée à deux êtres différents, pareille à ces vêtements bizarres qu'on portait au moyen âge, coupés en deux moitiés de couleur différente ?

Toutes les espèces ne se croisent pas avec la même facilité : on serait assez naturellement tenté de croire que la disposition au croisement est d'autant plus grande que les affinités organiques sont mieux marquées ; il n'en est pourtant pas toujours ainsi. M. Gärtner s'est assuré que des espèces végétales très voisines ne se marient pas entre elles, tandis qu'il a obtenu la fécondation mutuelle de plantes qui, par les fleurs, les caractères extérieurs, la longévité, les stations géographiques naturelles, sont essentiellement dissemblables. La fertilité dépend d'ailleurs du sens même du croisement : l'étalon peut être croisé avec l'ânesse, comme l'âne avec la jument ; mais la fécondation est souvent beaucoup plus facile d'une manière que de l'autre. Kölreuter, par exemple, dit que la *mirabilis jalappa* est aisément fécondée par le pollen de la *mirabilis longiflora*, et que les hybrides ainsi obtenus sont encore assez fertiles, tandis que pendant huit ans il essaya en vain, à plus de deux cents reprises, de fertiliser la seconde espèce par le pollen de la première. Quand le croisement réciproque peut être accompli, il y a pourtant toujours quelque différence dans la fécondité des hybrides obtenus par l'un ou l'autre moyen. M. Darwin se demande s'il faut conclure de ces lois complexes et singulières que l'infertilité des mariages entre espèces est destinée uniquement à empêcher celles-ci de se confondre dans la nature ; il ne le pense pas. « Pourquoi, remarque-t-il, la stérilité varierait-elle entre des limites aussi éloignées, quand différentes espèces sont croisées ? Pourquoi le degré de stérilité serait-il inné et variable dans les divers individus appartenant à une même espèce ? Pourquoi certaines espèces se marieraient-elles facilement, tout en ayant des hybrides très stériles, et d'autres avec une très grande difficulté, tout en donnant des hybrides suffisamment féconds ? Pourquoi y aurait-il souvent une différence si notable entre les résultats des croisements réciproques entre deux espèces ? pourquoi, peut-on même demander, la production des hybrides a-t-elle été autorisée ? Permettre que l'espèce puisse engendrer des hybrides, puis en arrêter la propagation ultérieure par des degrés variables de stérilité, qui ne sont pas exactement en rapport avec la facilité de la première union entre les parents, constitue, ce nous semble, un bien étrange arrangement. »

La fécondité des *métis*, qui proviennent du mariage, non plus d'espèces différentes, mais de simples variétés de la même espèce, est soumise à des irrégularités tout aussi extraordinaires que celle des hybrides proprement dits. Le nombre de ces anomalies serait sans doute beaucoup plus frappant si les botanistes ne s'empressaient de ranger dans des espèces différentes deux plantes, considérées d'abord comme de simples variétés, aussitôt qu'ils ont constaté qu'elles se stérilisent mutuellement. On tourne ainsi dans un véritable cercle vicieux ; mais voici pourtant quelques observations placées à l'abri de toute critique. On a constaté que dans une même espèce certaines variétés se marient plus volontiers que d'autres avec des plantes étrangères et donnent plus facilement des hybrides. Ainsi le chien aux oreilles et au museau pointus qu'on nomme en Allemagne *spitz* s'unit plus volontiers au renard que tous les autres chiens. Il y a dans l'Amérique du Sud des races de chiens qui ne s'accouplent pas avec des chiens d'Europe. Gärtner a observé que des variétés particulières de maïs se fécondent très difficilement entre elles, bien qu'elles se distinguent à peine par les caractères externes ; il a vu aussi les deux variétés blanche et jaune d'une même espèce de *verbascum* donner par le croisement beaucoup moins de graine que lorsque chacune d'elles était fertilisée par son pollen particulier. Suivant Kölreuter, il y a un tabac qui se marie plus aisément à d'autres plantes que tous les autres.

Que devons-nous conclure de tous ces faits ? C'est que la fécondité et la stérilité variables des hybrides et des métis tiennent à une multitude de circonstances encore obscures, dont l'étude réclame le zèle des plus patients et des plus habiles observateurs. On peut même, sans trop s'aventurer, affirmer que la connaissance en restera toujours incomplète, parce qu'il n'est aucun phénomène qui échappe aussi bien à l'analyse que celui de la génération. La nature l'a couvert de ses voiles les plus épais ; c'est l'éternel secret du grand Pan, que tout œil, toute bouche, que la pensée même doit respecter. La stérilité des êtres qui, comme les hybrides et les métis, sortent de la règle commune est déterminée sans doute par des différences, peut-être très légères, qui affectent surtout les organes et le système même de la reproduction. Sauf en ce qui concerne la facilité de la propagation, on ne peut observer aucune distinction bien essentielle entre les hybrides et les métis. Quand on croise deux espèces, il y en a toujours une qui lègue la ressemblance la plus frappante à l'hybride et laisse en quelque sorte l'empreinte la plus forte ; la même chose a lieu pour deux variétés et les métis qu'elles engendrent. Les hybrides dus à un croisement réciproque sont généralement ressemblants ; on peut en dire autant des métis dans le même cas. Les uns et les autres peuvent enfin, par des croisements bien opérés, être ramenés par degrés à l'une quelconque des deux formes originaires. Il faut donc admettre, pour tirer de ces faits une conséquence générale, que les lois en vertu desquelles se règle la ressemblance des parents et des descendants sont toujours les mêmes, qu'elles ne dépendent en rien de l'affinité plus ou moins grande des parents, ni de leur place particulière dans la classification systématique.

Dès lors il n'est guère possible, en se plaçant à un point de vue vraiment philosophique, d'établir une distinction fondamentale entre les espèces animales et les variétés. Ce cours d'eau n'est pas très large, vous le nommez torrent ; il grossit en descendant la plaine, vous l'appelez rivière. Dites-moi, je vous prie, à quel point précis le torrent finit et la rivière commence. La stérilité relative des hybrides s'explique suffisamment par les anomalies de leur organisation exceptionnelle ; mais qui nous assure qu'il n'a pu souvent se présenter des cas où, en s'unissant entre eux, les hybrides ont donné naissance à des êtres plus féconds qu'eux-mêmes, précisément parce qu'à chaque génération les différences organiques entre les parents allaient en s'atténuant ? La fertilité, au lieu de décroître, a pu quelquefois augmenter si rien dans les circonstances extérieures n'y mettait obstacle. Si, comme beaucoup de naturalistes sont enclins à le penser, toutes nos races de chiens sont dues au croisement de quelques espèces primitives, il faut admettre forcément qu'il y a eu à un certain moment des hybrides féconds. M. Darwin suppose, peut-être avec raison, que cette fécondité a été favorisée par la domesticité, qui, en soumettant les animaux à la vie commune, à un régime uniforme, opère entre eux des rapprochements nouveaux, et fait en quelque sorte passer les organismes les plus variés sous un même niveau.

Dès qu'il est admis qu'il n'y a aucune différence essentielle entre les espèces et les simples variétés zoologiques, on comprend aisément qu'une race particulière aura droit au titre d'espèce aussitôt qu'elle aura atteint un très notable développement et qu'elle possédera des caractères suffisamment originaux. Le principe de l'hérédité naturelle, en même temps qu'il conserve les espèces, tend à les morceler ; il les subdivise en groupes destinés à devenir des espèces à leur tour. On comprend pourtant que ce résultat ne pourrait être atteint, s'il ne s'opérait fatalement dans l'ordre de la nature quelque chose d'analogue à la sélection, qui a permis à l'homme de créer tant de races parmi les animaux soumis à son empire. Les particularités organiques prennent naissance avec l'individu ; si les individus doués de caractères distincts étaient confondus dans une continuelle promiscuité, les variétés ne pourraient pas mieux se particulariser qu'un tableau ne pourrait naître du mélange fortuit de toutes les couleurs. Il faut que les variétés, à mesure qu'elles se prononcent plus franchement, s'isolent davantage pour atteindre, après une longue série de générations, le rang hiérarchique des espèces.

Pour bien comprendre l'histoire de la nature, il faut y voirie jeu éternel d'une double action ; tandis que le principe conservateur de l'hérédité préside à la transmission régulière des caractères, la *sélection naturelle*, principe de mouvement et de progrès, les localise, les classe, met certaines formes au rebut, en admet de nouvelles. Cette conception neuve est due à M. Darwin ; l'on en sent du premier coup la grandeur et l'originalité. Mais comment, dira-t-on, agit cette prétendue sélection ? quels moyens emploie-t-elle ? quelle puissance, remplaçant dans le monde animé la main de l'homme, a si souvent renouvelé la face de la terre ? C'est la souveraine puissance de la mort. Corrigeant pour ainsi dire la vie, elle arrête les écarts, les monstruosités ; elle jette les faibles en sacrifice aux forts, elle fait grâce à certaines races, elle condamne les autres. Chaque jour, chaque heure, chaque instant, replongent des milliers d'êtres dans cet abîme inerte de la matière inorganique, d'où la vie les avait pour un instant tirés. Quand a été dit : « Croissez et multipliez, » il a été sous-entendu : « Multipliez, mais détruisez-vous les uns les autres. » Que deviendrait la terre, si la progression géométrique dont Malthus a fait tant de bruit pour l'espèce humaine s'appliquait à toutes les plantes et à tous les animaux ? Il ne resterait pas assez de place dans l'air, dans les mers, sur les continents, pour les innombrables descendants de la population primitive, et toutes les plaies d'Égypte affligeraient chaque pays. Rien de semblable n'est heureusement à craindre ; il ne suffit pas de naître, il faut encore pouvoir vivre. L'homme, ce fier souverain de la nature, est lui-même obligé de lutter perpétuellement pour obtenir sa subsistance ; il l'arrache péniblement à la terre, il la dispute aux animaux, il la tire de ceux qu'il peut asservir. Vivre ! n'est-ce pas le grand souci et presque le seul objet de l'immense majorité des hommes ? Nous mangeons les animaux, les animaux se mangent entre eux. La baleine, chaque fois qu'elle ferme ses larges mâchoires, engloutit des milliers de mollusques, de crustacés et de zoophytes. « Nous voyons, dit M. Darwin, la nature brillante de beauté, et souvent nous y apercevons en abondance tout ce qui peut servir à nourrir les êtres ; mais nous ne voyons pas ou nous oublions que les oiseaux qui chantent paresseusement autour de nous vivent principalement d'insectes ou de graines, et sont ainsi toujours occupés à détruire ; nous oublions comment ces chanteurs, leurs œufs ou leurs nids sont détruits par des oiseaux ou des bêtes de proie ; nous ne nous rappelons pas toujours que la nourriture que nous voyons aujourd'hui abondante ne l'est pas dans toutes les saisons. Quand on dit que les êtres luttent pour vivre, il faut entendre ce mot dans le sens le plus large et le plus métaphorique, y comprendre la dépendance mutuelle des êtres, et, ce qui est encore plus important, les difficultés qui s'opposent à la propagation. Dans un temps de famine, on peut dire que deux carnassiers sont en lutte pour obtenir de quoi soutenir leur existence ; mais on peut dire aussi que la plante jetée au bord du désert lutte pour vivre contre la sécheresse. Un arbuste qui annuellement donne un millier de graines, sur lesquelles une seule en moyenne vient à maturité, lutte en réalité contre les plantes de la même espèce ou d'espèces différentes qui déjà couvrent le sol. »

Il est souvent très difficile de discerner les causes qui, en certains lieux, arrêtent le développement d'espèces particulières : quand elles ne trouvent point d'obstacles, on voit ces espèces se propager avec une merveilleuse rapidité. Les animaux domestiques importés en Australie et dans les grandes plaines de l'Amérique du Sud s'y sont multipliés dans une proportion presque incroyable. Peu d'années ont suffi à certaines plantes européennes acclimatées dans l'Inde anglaise pour se répandre depuis le cap Comorin jusqu'à l'Himalaya. Cependant les espèces ne sont ni toutes, ni toujours aussi favorisées : il s'établit dans chaque province géographique une façon d'équilibre entre tous les membres de la faune et de la flore ; cet équilibre est dérangé par des accidents climatériques, des épidémies, des émigrations ou des immigrations, mais il tend sans cesse à se rétablir. Des rapports plus intimes, plus resserrés que les mailles du tissu le plus fin, relient entre elles toutes les parties de la création. Cette dépendance met chaque être à la merci non-seulement des circonstances physiques qui l'enveloppent, mais des événements qu'entraîne la compétition perpétuelle de tout ce qui est vivant. La nature prononce son *vœ victis* avec une inflexible sérénité : heureuses les races douées de quelque caractère qui puisse leur devenir un avantage ! Toutes les autres seront obligées de disparaître, souvent sans lutte ouverte ; dépossédées, trouvant toute place prise, toute subsistance enlevée, elles finiront nécessairement par s'éteindre.

On voit ce que M. Darwin entend par la *sélection naturelle*. De même que la domesticité a opéré tant de variations organiques utiles à l'homme, d'autres variations utiles à des êtres divers pour la grande et complexe bataille de la vie ont pu quelquefois se produire naturellement dans le cours de plusieurs milliers de générations. « Comme l'homme peut produire et certainement a produit de grands résultats par une sélection soit méthodique, soit inconsciente, que ne peut faire la nature ! L'homme ne se préoccupe que de caractères externes et visibles ; la nature n'a pas souci des apparences, sauf en ce qu'elles peuvent entraîner d'utile. Elle agit sur tous les organes internes, sur toutes les nuances et les différences constitutionnelles, sur la machine entière de l'existence. L'homme ne fait de sélection que pour son propre bien, la nature que pour celui de l'être même sur lequel elle agit. Elle donne aux caractères qu'elle choisit un développement complet, et place les êtres dans les conditions vitales qui leur sont propices. L'homme garde dans le même pays les produits de tous les climats ; il exerce rarement la sélection des caractères de la façon la plus convenable : il donne à un pigeon au bec court et à un pigeon

Auguste Laugel

au bec long la même nourriture ; il expose les moutons à longue laine et à courte laine aux mêmes intempéries. Il ne permet point aux mâles de lutter entre eux pour obtenir les femelles. Il ne détruit pas impitoyablement tous les animaux inférieurs, mais il protège tous ses biens dans toutes les saisons, autant qu'il est en son pouvoir. Il commence souvent la sélection par quelque forme à demi monstrueuse, ou du moins par une modification assez frappante pour attirer son regard, ou lui être d'une évidente utilité. Dans la nature, la plus légère différence de structure ou de constitution peut faire pencher la balance en faveur d'une variété. Combien sont instables les vœux et les efforts de l'homme ! de quel court temps il dispose ! et conséquemment combien son œuvre sera pauvre, comparée à celle où la nature a accumulé son travail pendant les longues périodes géologiques ! Pouvons-nous donc nous étonner que les productions de la nature aient quelque chose de plus *vrai* que celles de l'homme, qu'elles soient infiniment mieux adaptées aux conditions complexes de l'existence, et qu'elles portent clairement la marque d'un art bien supérieur ? On peut dire que la sélection naturelle scrute chaque jour et chaque heure le monde, pour y reconnaître les variations les plus légères, rejetant ce qui est mauvais, conservant tout ce qui est bon pour s'en enrichir, travaillant silencieusement et insensiblement, partout où s'offre une occasion favorable, à perfectionner les êtres et à les mettre mieux en harmonie avec les conditions organiques et inorganiques de l'existence. Ces changements graduels ne nous sont révélés que lorsque la main du temps a marqué un long laps d'années, et le tableau des âges géologiques écoulés arrive à nos yeux si effacé qu'il nous apprend seulement que la vie a revêtu jadis d'autres formes qu'aujourd'hui. »

L'idée originale de M. Darwin consiste, on le voit, à expliquer par la sélection naturelle toute l'histoire de la création : il reste à discuter les objections que soulève la théorie qui vient d'être exposée, ainsi qu'à en tirer toutes les conséquences relatives au problème de l'origine des races humaines et au rôle qui leur est attribué dans le monde organique.

Chapitre II

M. Darwin, comme tous les naturalistes, a été frappé de la corrélation exacte qui s'établit dans le monde entre les êtres organisés et le monde inorganique. Toutes les circonstances extérieures, les variations du climat, de la température, les limites qui s'opposent aux envahissements où aux grandes migrations des espèces, telles que la mer autour d'une île, les hautes chaînes de montagnes sur les continents, tout ce qui en un mot tend à circonscrire une province naturelle tend également à imprimer des caractères originaux à la faune et à la flore qu'elle nourrit. Plus la station est isolée, plus ces caractères se spécifient avec netteté. C'est pour cela que les îles en général offrent un si curieux champ d'études aux naturalistes.

Les provinces géographiques une fois délimitées, les continents découpés par les mers en lignes à peu près invariables, les animaux et les végétaux adaptés à tout ce qui les entoure, on ne voit pas pourquoi le monde organique subirait de nouvelles métamorphoses, tant que le monde physique reste dans le repos. Si la surface de notre planète ne peut être modifiée que par les forces sans cesse agissantes autour de nous, la pluie, les vents, les éruptions volcaniques, les tremblements de terre, si ces forces ne peuvent entrer en jeu avec plus de violence et de furie que dans le temps présent, on a peine à comprendre comment l'équilibre de la création pourrait en être profondément troublé. M. Darwin est pourtant l'un des adeptes de cette école qui a pour chef aujourd'hui sir Charles Lyell, et qui se refuse a reconnaître dans l'histoire du monde des éléments perturbateurs différents de ceux qu'elle nomme les *causes actuelles*. M. Darwin ajouterait, ce nous semble, beaucoup de force à la théorie qu'il présente sur « l'origine des espèces, » s'il ne s'enfermait pas dans les étroites limites de l'école anglaise, et consentait à admettre qu'outre les changements imperceptibles qui effleurent seulement en quelque sorte le monde physique, de violentes révolutions ont de temps à autre altéré la physionomie de la surface terrestre. Pourquoi vouloir nier qu'au moment où nos grandes chaînes de montagnes ont été soulevées avec une violence dont nous retrouvons la trace dans l'âpreté des accidents qui les sillonnent, d'immenses volumes d'eau ont été lancés sur les continents voisins, les pièces de la mosaïque terrestre ont joué de toutes parts, des îles ont été ensevelies, comme l'Atlantide, au sein des mers, d'autres ont surgi à de nouvelles places ? Des êtres nombreux ont survécu à ces cataclysmes, dont les effets les plus terribles ont été circonscrits sur une partie assez étroite du globe terrestre ; mais combien d'entre eux, dépaysés, violemment arrachés aux conditions qui depuis tant de siècles présidaient au développement régulier et invariable des organismes, ont pu servir dans leurs nouvelles stations de point de départ à de nouvelles races ! Une telle hypothèse n'a vraiment rien de trop hardi.

Il a été mis hors de doute que, contrairement aux assertions absolues de deux célèbres naturalistes, Alcide d'Orbigny et Agassiz, les êtres vivants n'ont été victimes d'une destruction simultanée à aucune époque de l'histoire de la terre ; jamais la mort n'a dévasté la planète entière. En examinant la série des couches qui appartiennent à deux terrains géologiques successifs, nous retrouvons toujours quelques espèces identiques dans les sédiments qui ont été déposés avant une grande révolution terrestre et dans ceux qui l'ont suivie : tous les feuillets de ce grand livre ont des lettres communes. Je ne me suis jamais arrêté devant *le Déluge* du Poussin, je n'ai jamais contemplé ce ciel noir, ces rochers à peine émergés, ces animaux qui luttent encore contre le flot qui monte, sans agrandir encore dans mon esprit le cadre de cette œuvre admirable. À côté de ces scènes d'horreur et de mort, je me figurais les terres sortant tout humides et ruisselantes du sein des eaux, prêtes à être fécondées, et je songeais, malgré moi, au mythe charmant de Vénus aphrodite s'élevant de l'Océan dans la crête écumante d'un flot. Je me rappelais les traditions étranges des Indiens de l'Amérique et de tant d'autres peuplades sauvages, la fuite dans les cavernes des hautes montagnes pendant que la mer s'élevait, les nombreux déluges dont font mention les livres saints des Hindous, toujours suivis d'une incarnation nouvelle de la Divinité, symbole des formes sous lesquelles la vie étalait ses splendeurs renaissantes sur le théâtre rajeuni de la terre ; je revoyais enfin l'arche arrêtée au sommet de l'Ararat, d'où sortaient les légions des couples destinés à repeupler le royaume de l'homme. Pourquoi la géologie dédaignerait-elle ces légendes que les siècles se sont transmises, et où, sous des ornements divers, doit se cacher un fonds commun de vérité ?

M. Bronn, savant naturaliste de Heidelberg, a victorieusement réfuté, dans un ouvrage récent qui a été couronné par notre Académie des Sciences, la théorie de d'Orbigny et d'Agassiz ; il a montré que le monde animal et végétal n'a jamais changé du tout au tout, comme par un coup de baguette, que le phénomène de la disparition et de l'apparition des espèces n'est pas discontinu, mais qu'il ne s'interrompt jamais. La persistance de certains types qui n'ont subi presque aucune altération depuis les époques les plus lointaines jusqu'à nos jours, les ressemblances générales et les affinités qui établissent un lien évident entre les faunes successives qu'étudie la paléontologie, s'accordent très mal avec l'hypothèse de ceux qui voient dans l'histoire générale du monde une série de destructions radicales suivies de créations nouvelles : la filiation des formes organiques prouve au contraire que l'œuvre de la création n'a jamais été interrompue et que la nature est toujours en puissance. Les espèces apparaissent les unes après les autres, en succession plus ou moins rapide, et s'éteignent de même ; le livre de mort et le livre de vie sont toujours ouverts, et la nature peut y écrire à son gré. La création, telle qu'Agassiz nous la représente, serait une série de tableaux détachés, séparés par de longs entr'actes ; nous croyons au contraire que c'est un drame dont les acteurs ne peuvent se reposer, un effort continu, une lutte éternelle des forces vitales contre l'inertie de la matière. Dans la doctrine exclusive des créations répétées, la nature nous apparaît comme avec des masques dont elle change de temps en temps, et qui n'ont aucune ressemblance ; dans les idées nouvelles, c'est toujours le même visage, d'une admirable sérénité : on n'y voit d'autres changements que les lentes altérations produites par l'âge, qu'une beauté chaque jour plus radieuse, qu'une expression de mieux en mieux marquée.

Si le règne animal et le règne végétal n'ont subi qu'une longue série de métamorphoses, la terre nous offre-t-elle quelque moyen de les connaître ? Retrouvons-nous tous les anneaux de cette longue chaîne qui relie le présent au passé ? Malheureusement non ; nous n'en avons découvert que quelques parties éparses. Nous ne pouvons fouiller partout, ni à toutes les profondeurs, le sein de la terre, où gisent les débris, mutilés presque toujours, des siècles écoulés. Nous faisons le même travail qu'un archéologue qui veut

Auguste Laugel

déchiffrer une inscription où presque toutes les lettres ont disparu. Les âges les plus lointains ne nous lèguent même aucun témoignage ; la chaleur intérieure de la planète a refondu depuis longtemps les couches sédimentaires où s'étaient déposés les débris des premières plantes et des premiers animaux. Les restes organiques les plus anciens que nous connaissions sont ceux d'un terrain auquel sir Roderick Murchison a donné le nom assez étrange de silurien. La faune que M. Barrande, l'heureux et habile explorateur des terrains anciens de la Bohème, a nommée la faune *primordiale*, ne remonte pas à une époque plus reculée ; mais que de faunes n'y a-t-il pas eu auparavant dont rien absolument n'est resté ! Ce n'est guère que dans les périodes les plus rapprochées de la nôtre qu'il nous est possible de chercher quelques faits à l'appui de la théorie de M. Darwin. Il y a, par exemple, une analogie bien frappante entre les marsupiaux fossiles de l'Australie et ceux qui aujourd'hui donnent un caractère si original à cette grande île continentale. L'armadillo de l'Amérique du Sud, animal recouvert d'une véritable armure formée de plaques, et la plupart des autres animaux qui font partie de la faune aborigène de l'Amérique du Sud, ont leurs analogues parmi les fossiles retrouvés dans les cavernes à ossements du Brésil et les immenses plaines de la Plata. La Nouvelle-Zélande est célèbre pour ses gigantesques oiseaux : le professeur Owen a montré que les fossiles qu'on y a découverts appartiennent à des oiseaux de la même famille. Quand la migration n'amène pas de nouveaux types animaux au milieu des types anciennement prépondérants dans une région géographique, on aperçoit une parenté évidente entre les faunes qui caractérisent les terrains successifs. Plus longtemps une province naturelle aura été isolée par le hasard des circonstances, mieux cette filiation s'apercevra : elle nous échappe au contraire dès que des faunes géographiques sont venues se mêler à la suite de quelque événement physique qui les aura forcément rapprochées.

« Ou bien, dit avec beaucoup d'autorité M. Bronn, le développement successif et bien calculé des organismes pendant de si longues périodes est l'effet immédiat de l'activité systématique d'un créateur personnel qui avait pesé et décidé non-seulement l'ordre d'apparition, l'organisation particulière et la destination terrestre des innombrables espèces de plantes et d'animaux, mais aussi le nombre des premiers individus et leur station, qui a créé les êtres séparément, quoiqu'il eût été en sa puissance de les créer tous à la fois, — ou bien il existe une force naturelle quelconque, inconnue jusqu'à ce jour, qui a produit, suivant les lois propres de son activité, des espèces de végétaux et d'animaux, qui en a coordonné et réglé tous les rapports, tant généraux que spéciaux. Dans ce dernier cas, la force en question devait être intimement liée et soumise à ces lois inorganiques qui réglaient le développement progressif de la surface terrestre, les conditions extérieures de la vie des êtres destinés à s'y établir, et dont le nombre, la variété, la perfection, devaient continuellement aller en croissant. Ce n'est que de cette manière qu'on pourrait expliquer pourquoi le développement des êtres organisés a pu marcher de pair avec celui du monde physique. Cette force hypothétique serait en harmonie avec l'économie entière de la nature. Un créateur présidant au développement de la nature organisée par l'intermédiaire d'une force placée en elle-même, comme il dirige celui du monde physique par les seuls effets combinés de l'attraction et de l'affinité, répondrait en même temps à une idée beaucoup plus sublime que celle qui consisterait à admettre qu'il a pris continuellement, pour introduire de nouvelles plantes et de nouveaux animaux sur la terre et dans les eaux, les soins auxquels s'astreint un horticulteur pour cultiver son jardin. »

La force dont parle M. Bronn comme d'un agent encore mystérieux et inconnu, M. Darwin prétend l'avoir trouvée, et c'est précisément ce qu'il nomme la *sélection naturelle*. Il y a, je dois le dire, un point sur lequel ces deux naturalistes professent des opinions opposées. Le savant allemand n'admet pas que les espèces nouvelles soient simplement une branche détachée des anciennes, il prétend que d'une espèce à l'autre il y a toujours saut brusque, et que nous ne trouvons jamais de termes intermédiaires. Cette objection assurément a quelque force. Il faut pourtant se rappeler que les spécifications des naturalistes sont souvent contradictoires, et que, surtout pour les classes inférieures du règne animal, on n'observe souvent que des différences insignifiantes et trompeuses entre les termes les plus rapprochés d'une même série ; mais l'absence de termes intermédiaires, servant à rattacher par une gradation évidente deux espèces réputées différentes, peut s'expliquer assez naturellement. Il y a en effet, dans le principe de l'hérédité, une force, une persistance remarquable. Les formes et les caractères transitoires répugnent à la nature. La sélection crée des races avec une rapidité extraordinaire en un petit nombre de générations ; mais dès qu'une race a reçu les derniers traits qui doivent la caractériser, elle les conserve indéfiniment et sans altération. Toutes les formes que la force vitale essaie pour passer d'un point à un autre sont comme les ébauches que l'artiste brise quand son œuvre est achevée. Est-il étonnant dès lors que dans les couches terrestres nous ne trouvions que les représentants des espèces investies de caractères permanents, qui, durant des siècles, ont couvert le fond des mers de leurs débris, et que nous n'ayons que bien rarement l'occasion d'y signaler quelqu'une de ces formes douteuses qui pourraient nous éclairer sur la transformation des êtres ? Si l'on vient dire que depuis le commencement des périodes historiques on n'a jamais vu se former une espèce animale par la transformation d'une espèce précédente, on peut répondre que l'homme n'en a pas vu naître une seule par un acte de création spontané : l'argument historique n'est pas plus favorable à une théorie qu'à l'autre ; mais qu'est-ce qu'une période de six mille ans dans l'histoire du monde ? Pour combien doivent compter deux cents générations humaines auprès de ces innombrables générations d'êtres qui se sont succédé sur notre planète depuis que le refroidissement l'a rendue habitable ?

Si la théorie de M. Darwin est exacte, les changements qui s'opèrent dans le monde physique ont pour effet d'arrêter le développement de certains êtres, de favoriser au contraire celui d'autres variétés, mieux adaptées aux circonstances nouvelles. Le problème, si longtemps agité, de la transformation des espèces reçoit ainsi une solution plus rationnelle, plus séduisante que toutes celles qu'on a proposées. Sans affirmer absolument, avec les adeptes de Lamarck, que les organes s'atrophient et se modifient dans chaque espèce au gré des besoins qu'elle éprouve, il suffira d'admettre que les individus et les races ayant des caractères divers, ces caractères, transmissibles par la génération, peuvent devenir, dans certains cas, des germes mortels et des motifs d'extinction, dans d'autres des gages de puissance et de perpétuité.

Si nous considérons seulement les races humaines, il est bien certain que les guerres, les migrations, les conquêtes qui en remplissent l'histoire ont dû forcément amener de très notables changements dans leur distribution et leur importance relatives. S'il nous était possible de comparer la population actuelle de la terre à celle qui vivait il y a six siècles, nous serions sans doute étonnés de voir qu'une si grande révolution ait pu s'accomplir en si peu de temps. Certaines races privilégiées ont gagné tout le terrain que d'autres ont perdu : l'Indien, repoussé de plus en plus loin dans les prairies, ne mène plus aujourd'hui qu'une existence misérable ; sans parler des luttes sanglantes qu'il a soutenues contre les blancs, et où son indomptable courage n'a servi qu'à retarder une défaite inévitable, il est aujourd'hui devenu la victime des passions brutales dont la civilisation lui procure la facile satisfaction. Les descendants des grands guerriers dont les exploits légendaires sont remplis d'une si sauvage poésie finissent leurs tristes jours dans la misère et l'ivrognerie. Les habitants de la Nouvelle-Hollande ont été chassés des belles régions que la race anglo-saxonne couvre de ses colonies prospères ; ils ont dû se réfugier dans l'intérieur de l'Australie : une terre aride, d'immenses déserts de sable, des taillis où ils ne trouvent pas d'eau et presque pas de gibier, leur servent encore d'asile ; mais le nombre des aborigènes diminue chaque jour, et comme ils ne se croisent point avec les émigrants, toute trace de leur type hideux, le plus bestial et le plus grossier peut-être qu'on ait jamais rencontré, sera bientôt complètement effacée.

En étudiant ces représentants dégradés de l'espèce humaine, on a plus d'une fois été conduit à soutenir qu'il y a une filiation directe entre l'homme et les animaux. Cette question n'est point abordée dans l'ouvrage de M. Darwin : on comprend aisément les motifs de ce silence ; mais logiquement la théorie du naturaliste anglais nous semble aboutir à une telle conclusion. Il est bon de citer les paroles mêmes de l'auteur à ce propos. « On pourra demander jusqu'où je pousse la doctrine de la modification des espèces. Il est difficile de répondre à cette question, parce que plus les formes que nous pouvons être amenés à considérer sont distinctes, plus mes arguments perdent de leur force ; mais il y en a pourtant qui sont extrêmement compréhensifs. Tous les membres de classes entières peuvent être reliés par une chaîne d'affinités naturelles, et toutes les classes peuvent être divisées, d'après le même principe, en groupes subordonnés à d'autres groupes. Il se rencontre quelquefois des fossiles qui peuvent combler les grands intervalles qui séparent certains ordres actuels. Quand nous voyons des organes à l'état rudimentaire, nous devons croire qu'un ancêtre éloigné a possédé ces organes à un état de développement complet, et par là dans certains cas nous sommes forcés d'admettre qu'il s'est opéré d'immenses modifications parmi les descendants successifs du même type. Dans des classes entières, les structures sont toutes agencées sur le même modèle, et à l'âge embryonique les espèces ont entre elles de grandes ressemblances. C'est pourquoi je ne puis douter que la théorie de la descendance, accompagnée de modifications, n'embrasse tous les membres d'une même classe. Je crois que tous les animaux descendent au plus de quatre ou cinq ancêtres, toutes les plantes d'un nombre d'ancêtres égal ou encore moindre. — L'analogie pourrait me faire faire un pas de plus, et m'amener à croire que tous les animaux et toutes les plantes descendent d'un prototype unique ; mais l'analogie peut être un guide trompeur. Néanmoins il est certain que tous les êtres vivants ont beaucoup de caractères en commun, la composition chimique, la structure cellulaire, les lois de la croissance et de la reproduction. L'analogie nous conduit donc à inférer que tous les êtres organisés qui ont vécu sur cette terre descendent probablement d'une forme unique primordiale où pour la première fois est entré le souffle de la vie. »

M. Darwin admet donc qu'il y a eu tout au plus trois ou quatre formes organiques primitives, et il est même disposé à croire qu'il n'y en a eu qu'une : toutes les autres en sont sorties. L'homme, le dernier venu, pour lequel aucune exception n'est faite, doit donc se rattacher par une filiation naturelle aux êtres antérieurs qui ont avec lui le plus de caractères organiques en commun. Ces êtres, chacun le sait, sont les singes. Cette conclusion si blessante pour notre orgueil est, je dois le dire, l'objection principale qu'on élève contre la théorie du naturaliste anglais. Il y a beaucoup de personnes à qui il suffira qu'on dise : « Voilà un livre qui montre que nous descendons des singes, » pour qu'elles le rejettent avec colère et refusent même d'y jeter les yeux ; mais la critique scientifique ne se laisse point arrêter par un semblable parti-pris : sa tâche est sans doute pénible et hérissée de difficultés quand elle doit analyser avec une rigueur scrupuleuse les rapports intimes qui rattachent dans l'homme l'esprit à la matière. A-t-elle le droit de fermer les yeux quand le médecin lui montre les mouvements de l'âme gouvernés par les perturbations de la maladie ? Doit-elle refuser de descendre avec lui dans le sombre et effrayant dédale des phénomènes de la folie ? Doit-elle rester sourde quand le naturaliste lui démontre que les dispositions morales, le caractère, les passions dominantes, se transmettent comme la forme du corps et les traits du visage ? L'instinct populaire a de tout temps protesté contre la doctrine qui voudrait faire de l'homme un être idéal, absolument indépendant, sans lien avec le passé. Qui osera dire qu'on ne puisse à bon droit être fier d'appartenir à une famille où certaines traditions d'honneur, de courage militaire, de talent, se sont perpétuées pendant plusieurs générations ? Il y a des philosophes spiritualistes qui écrivent sur l'histoire et qui, subissant à leur insu le préjugé commun, ont des prédilections avouées pour certaines familles où le sang communiquait les grandes qualités. De profonds penseurs n'ont-ils pas été jusqu'à faire des idées elles-mêmes, et de la plus haute de toutes, de l'idée de Dieu, le patrimoine primitif et longtemps exclusif d'une certaine race ? Que nous le voulions ou non, nous sommes tous dépendants de ce corps qui nous met en communication avec le monde extérieur ; il nous enchaîne, nous humilie, nous retient à la terre. Les plus célèbres moralistes, les plus grands orateurs chrétiens ont mis la principale gloire de l'homme dans les victoires remportées sur la chair ; mais l'éloquence et la force même de leurs exhortations prouvent qu'ils n'ont pas cru ces victoires faciles. Pourquoi donc aurions-nous tant de souci de ce corps qui nous sépare de l'idéal que notre pensée peut atteindre et met une si grande distance entre nos rêves et la réalité ? Pourquoi tant nous préoccuper de ses origines ? Nous sommes comme des vases où une parcelle divine a été renfermée ; qu'importe la manière dont le vase a été façonné ? Si toute notre grandeur est dans la pensée, qu'importe si notre substance vivante a été tirée immédiatement du règne inorganique, ou médiatement du règne animal ? Ce souffle divin, dont nous sommes les simples dépositaires, sera-t-il moins sacré parce que, suivant le beau mythe biblique, il aura été communiqué à une statue d'argile, ou parce qu'il nous sera arrivé de plus en plus affranchi à travers une série d'organismes divers ?

Auguste Laugel

Je ne suis pas disposé à nier d'une manière absolue l'importance théorique de semblables questions ; mais qui ne sent qu'elles seront toujours enveloppées dans un épais mystère ? Nous pouvons à peine soulever un coin du voile impénétrable où se cache la nature créatrice ; notre ignorance doit au moins nous rendre tolérants pour toutes les doctrines, toutes les hypothèses, et cette tolérance est surtout facile à ceux qui considèrent les corps comme les formes variables et transitoires d'une substance éternelle. Il faut remarquer aussi que ceux qui humilient l'homme dans son passé lui offrent en compensation un brillant avenir, et ouvrent devant son activité une ère de progrès presque indéfini. Tirer au contraire l'homme parfait et tout achevé du sein de la nature, pareil à Minerve armée sortant du cerveau de Jupiter, c'est le condamner à ne jamais changer : tel il a été quand il a ouvert les yeux pour la première fois sur le spectacle magique de l'univers, tel il sera encore dans des milliers de siècles.

On objectera sans doute à M. Darwin qu'entre le plus humble, le plus chétif représentant de l'espèce humaine, et le plus fort, le plus intelligent des animaux, il y a un intervalle qu'aucun être connu ne peut remplir ; mais, si j'ai bien pénétré l'esprit de sa théorie, des espèces extrêmement dissemblables peuvent sortir d'une souche commune : on peut même dire que plus les variétés d'un même type primitif sont peu ressemblantes, plus elles ont de vitalité et s'établissent fortement dans le règne animal. Pour bien comprendre de quelle façon M. Darwin entend la formation des espèces, il faut se figurer l'une d'elles comme un tronc d'arbre qui, arrivé à une certaine hauteur, jette des branches divergentes ; parmi ces branches, celles qui s'éloignent le plus du tronc commun ont le plus de chance d'atteindre un grand développement. De même, lorsqu'un type se subdivise en variétés, les deux variétés extrêmes, la plus basse et la plus élevée, si l'on veut employer ces termes, se développeront avec plus de vigueur que les variétés intermédiaires, par cela même qu'elles seront les expressions les plus franches d'affinités naturelles d'un ordre différent. Les variétés bâtardes s'éteindront assez rapidement, et il ne restera bientôt que les deux formes extrêmes pour représenter une forme primitive commune. C'est ainsi seulement qu'en suivant les idées de M. Darwin, on pourrait expliquer comment le type d'où l'homme actuel s'est dégagé a pu laisser ses représentants les plus dégradés dans ces animaux malfaisants, malins, cruels, dont nous désavouons la parenté avec une énergique indignation. Le type primitif, qui s'est épanoui en branches distinctes, pouvait être d'ailleurs lui-même l'embranchement le plus élevé d'un type antérieur ; ce dernier était lui-même issu d'un autre, et ainsi de suite. Cette hypothèse n'a rien de contraire aux découvertes de la paléontologie. Cuvier croyait à la vérité que les terrains les plus rapprochés de l'époque moderne, et qui portent dans la science le nom de terrains tertiaires, ne contenaient point de singes fossiles ; mais on en a retrouvé de nos jours des espèces fossiles dans l'Amérique du Sud, dans l'Inde et en Europe même, enfouies dans les couches les plus anciennes de la période tertiaire.

Si, comme M. Darwin le montre, parmi les formes issues d'un modèle initial commun, celles qui ont le moins de ressemblance ont le plus de chance de se perpétuer, on peut être tenté d'expliquer par ce fait comment il reste une distance si grande entre les singes et notre propre espèce. Parmi les races humaines, il en est qu'on est convenu de nommer inférieures ; mais aucune ne peut être considérée comme un intermédiaire direct entre le singe et l'homme : du nègre au blanc, la distance, pour si grande qu'on la suppose, peut être comblée en peu de générations, tandis que, du singe au nègre, la distance est un véritable abîme, aussi bien que du singe au blanc. Il n'y a qu'une différence de degré et non d'essence entre l'intelligence du noir le plus sauvage et celle d'un Humboldt ou d'un Newton ; la supériorité acquise de certaines races ne peut en aucune façon justifier la tyrannie qu'elles prétendent exercer sur d'autres races. Partout où l'esclavage pèse sur une nature morale, perfectible, sur un libre arbitre capable d'être guidé par la conscience et la religion, il est un crime et une monstruosité ; c'est là une vérité à laquelle toute âme honnête doit se rallier, et qui est plus solide que toutes les doctrines de l'ethnographie et de l'histoire naturelle élevées aujourd'hui, demain renversées.

La théorie de M. Darwin soulève encore assez d'objections pour qu'il ne soit pas nécessaire de la combattre avec d'autres armes que des arguments purement scientifiques. Le défaut principal de son ouvrage, et l'auteur en a du reste conscience, c'est d'être trop dénué de pièces justificatives : il y est constamment question d'observations dont on fera connaître le détail plus tard ; mais le lecteur, en attendant cette faveur, ne peut accorder sans réserve cette confiance que méritent seulement les travaux dont les résultats, les détails, la méthode, ont passé victorieusement par l'épreuve de la discussion. Le caractère honorable de M. Darwin garantit parfaitement sa bonne foi, mais ne peut être un gage d'infaillibilité. Il faut donc attendre la publication du grand ouvrage que promet M. Darwin pour porter un jugement définitif sur son œuvre actuelle ; dès aujourd'hui cependant, on peut dire que depuis longtemps aucun écrivain n'avait agité avec autant d'éclat et de verve les questions les plus obscures et les plus difficiles de l'histoire naturelle. Chaque page, je dirai presque chaque ligne, éveille la curiosité de l'esprit ; peut-on faire un plus bel éloge d'une œuvre d'art ou de science, quand on a dit qu'elle fait penser ? M. Darwin a lui-même résumé, à la fin de son livre, avec une entière bonne foi, tous les arguments favorables ou contraires à sa doctrine de la transformation des espèces par la sélection naturelle. Qu'on nous permette de les exposer à notre tour en terminant cette étude.

Au premier abord, rien ne paraît plus difficilement admissible que la transformation des organes, des caractères, des instincts par l'accumulation répétée de variations extrêmement légères ; mais il y a bien certainement dans la nature organique une plasticité, une disposition au changement que la domesticité nous révèle, et il n'y a rien d'absurde à croire que les exigences du monde extérieur, la lutte perpétuelle des êtres, le changement des conditions sociales où ils se trouvent placés, poussent incessamment, quoique avec une lenteur extrême, la force vitale dans des directions nouvelles.

La stérilité presque universelle des hybrides est une des causes qui tendent le plus énergiquement à maintenir les espèces invariables ; mais on a vu que l'impuissance des espèces différentes à se féconder mutuellement n'est pas absolue : les singularités extraordinaires que révèle le phénomène de la propagation observé chez les hybrides et les métis prouvent que les circonstances défavorables ou propices à la génération sont aussi variables que complexes. Il est permis de croire que la stérilité des hybrides ne va pas toujours en augmentant d'une génération à l'autre ; elle a pu au contraire quelquefois, sous l'influence de la domesticité ou sous d'autres influences purement naturelles, aller en diminuant à mesure que la fusion entre les éléments empruntés à deux espèces différentes s'opérait d'une façon plus intime.

Si, en adoptant le principe de la modification graduelle des êtres, on essaie d'expliquer les particularités de la distribution actuelle des espèces dans les diverses provinces naturelles, on rencontre assurément de très grandes difficultés. Toutes les espèces étant issues d'un même genre primitif, il faut expliquer comment elles se sont propagées dans les parties du globe terrestre les plus éloignées ; c'est ici que la doctrine des révolutions du globe viendrait heureusement en aide à celle de M. Darwin. Tous les grands cataclysmes qui ont affecté les formes extérieures de la surface terrestre, en brisant les barrières qui séparaient les faunes, en déchirant les isthmes qui divisaient les mers, en obligeant les êtres à des migrations en masse, ont puissamment contribué à disséminer les espèces ainsi qu'à en augmenter le nombre. Nous ne voyons aujourd'hui que le résultat définitif de plusieurs révolutions semblables ; les migrations, les mélanges se sont renouvelés à mainte reprise, et nous ne pouvons plus discerner l'ordre dans lequel ces grands changements se sont opérés. La loi nous en échappe, mais le fait n'en est pas moins évident.

Nous pouvons d'autant moins suivre dans leur succession naturelle les formes organiques, depuis l'origine de la création jusqu'à nos jours, que des exterminations répétées ont frappé un très grand nombre d'êtres à toutes les périodes ; nous ne les connaissons que très imparfaitement par les restes fossiles, et nous sommes encore incapables de reconstituer, dans un ordre à la fois rationnel et historique, les grandes séries animales et végétales. Nous voyons souvent apparaître dans les couches terrestres des groupes entiers d'êtres qui n'ont aucun rapport, aucune affinité organique avec ceux qui remplissent les couches plus anciennes ; mais ce n'est pas la nature qui est ici en défaut, c'est la science qui n'est encore qu'au début de ses observations, et commence à peine à démêler les premiers linéaments de l'histoire du passé. Qui oserait affirmer que les crustacés et les mollusques du terrain silurien ont été les premiers habitants de notre planète ? Une pareille idée a quelque chose de si absurde, qu'il n'est pas nécessaire de la réfuter.

Les objections, comme on le voit, qu'on peut élever contre la doctrine de la transformation progressive du règne animal et

Auguste Laugel

végétal sont tirées surtout de notre ignorance même. Le temps et les progrès de la science contribueront sans doute à en atténuer de plus en plus la portée. Cette doctrine invoque au contraire en sa faveur un certain nombre d'observations positives énumérées avec une très grande habileté par M. Darwin. Il y a dans la nature animée une tendance à la variabilité en même temps qu'à la conservation : la lutte perpétuelle de ces deux influences imprime aux formes organiques des caractères qui se modifient d'âge en âge. L'homme, en créant des races, ne fait que tirer profit de cette tendance à la variabilité, en permettant qu'elle s'exerce à l'aise et sans perturbation ; mais la nature, arrive à des résultats tout semblables en obligeant les êtres animés à lutter sans cesse entre eux pour obtenir leur subsistance. Cette lutte est si pressante que toute modification dans les organes, les instincts, les formes, qui peut devenir un gage de victoire, se propage avec rapidité. La nature opère ainsi, tout comme l'homme, une sélection entre les divers représentants du même type ; seulement elle agit éternellement, tandis que l'homme ne dispose que d'un jour. Aussi, tandis que l'homme n'arrive pas à créer de véritables espèces, la nature a pu, dans la série indéfinie des âges, modifier profondément tous les organismes et marquer un trait d'union entre les êtres les plus inférieurs et ceux qui occupent les rangs les plus élevés dans le règne animal. Elle n'a rien fait par bonds (*natura non facit saltum*) ; disposant de l'infinité du temps, elle a accumulé les variations partielles, multiplié les nuances et traversé l'un après l'autre tous les degrés qui séparent l'inertie absolue de la sensibilité la plus exaltée, la passivité de la liberté, l'instinct de l'intelligence.

La théorie de M. Darwin ne se recommande pas seulement par sa grandeur et son importance scientifiques : elle touche aussi à des questions pratiques dont la portée n'échappe plus à personne, notamment à la question de l'élevage et à celle de l'acclimatation. L'Angleterre est, on peut le dire, le pays classique de l'élevage. L'application raisonnée de la *méthode sélective* y a produit les résultats les plus merveilleux. En contemplant dans les expositions agricoles les plus beaux produits des races anglaises, on a trop souvent oublié par quels moyens on était arrivé à perfectionner ainsi la nature au gré des besoins de l'homme : on a cru très bien faire en se procurant à très grand prix de beaux modèles anglais et en opérant dans d'autres pays des croisements avec les races aborigènes. Toutes les observations de M. Darwin montrent cependant que de semblables croisements doivent être faits avec une très grande circonspection. Les races gagnent à être croisées quand elles ont déjà beaucoup de caractères communs : le croisement ne fait alors qu'en rajeunir les forces et la fertilité ; mais quand il se trouve dans un pays des races naturelles, aborigènes, aux traits bien marqués, il vaut mieux songer à les perfectionner par la simple sélection que par des croisements. C'est entrer en quelque sorte dans une voie déjà tracée par la nature, c'est mettre la sélection humaine au service de la sélection naturelle. L'instinct de l'éleveur consiste seulement à discerner, parmi les qualités, les formes d'une race, celles qui sont le plus susceptibles d'être amenées à la perfection ; il faut qu'il devine, pour ainsi dire, les intentions de la nature : aussi rien n'est-il plus rare qu'un bon éleveur. Il faut, dans cette industrie agricole, des qualités de l'ordre le plus délicat, une sorte d'intuition, la connaissance la plus minutieuse de la structure des animaux, des rapports mutuels qui unissent entre elles toutes les parties de l'organisation. Ce grand art a été jusqu'à présent livré à un empirisme souvent aveugle. Quand l'observation aura révélé à l'homme quelques-unes des lois les plus importantes qui règlent l'hérédité des caractères naturels, quels progrès ne pourra-t-il pas accomplir autour de lui ? Dès longtemps les Allemands, et notamment un gracieux penseur, Novalis, avaient jeté de brillants aperçus sur cet empire du monde animé destiné à l'homme, et sur le rôle qu'il lui appartient d'y jouer. Ces poétiques inductions se corroborent aujourd'hui par le témoignage de l'histoire naturelle, et c'est dans le pays où la science a toujours aspiré à devenir la servante de l'humanité que l'on s'attache le plus à découvrir les lois de l'élevage, cette branche si essentielle de la grande agriculture.

L'ouvrage de M. Darwin peut aussi être invoqué en faveur de l'acclimatation. Le naturaliste anglais montre en effet que les productions naturelles propres à une province géographique ne sont pas toujours celles qui pourraient le mieux y prospérer. Il oppose une foule d'exemples aux partisans des causes finales, qui croient que la perfection est le caractère de toute chose créée et de toute combinaison naturelle. Comment expliquer, avec cet optimisme confiant, pourquoi nos animaux domestiques

Auguste Laugel

ont établi si facilement leur empire dans d'immenses régions, telles que l'Australie et les deux Amériques, où l'homme n'a trouvé aucune race d'animaux semblables quand il y a porté la civilisation ? Avec quelle rapidité la pomme de terre n'a-t-elle pas envahi toutes les contrées de l'Europe sitôt qu'elle y fut apportée ? S'il y a une harmonie remarquable, dans chaque province naturelle, entre la constitution physique, la topographie du sol, le climat et les productions du monde organique, cette harmonie n'a rien d'inflexible : c'est un accord qui peut être remplacé par un accord nouveau, et l'homme peut chercher son profit dans des combinaisons imprévues, où il met à la place de plantes et d'animaux nuisibles ou inutiles des plantes et des animaux utiles. Parmi les institutions récemment fondées en France, aucune ne mérite plus d'encouragements que la société d'acclimatation. En essayant sur notre territoire les productions des autres pays qui se recommandent par un caractère particulier d'utilité, elle peut rendre à la science et au pays de véritables services : mais l'acclimatation doit avoir l'histoire naturelle pour guide : en faisant des choix peu judicieux, elle se condamnerait à l'impuissance ; elle pourrait même, en certains cas, produire des résultats très fâcheux, si elle introduisait sur notre territoire des intrus doués d'une force vitale et d'une faculté de propagation remarquables, qui, à la longue, pourraient déposséder ou tout au moins gêner certaines productions aborigènes. Il ne faut pas que l'œuvre de l'acclimatation soit une simple affaire de curiosité, une fantaisie zoologique : elle doit moins rechercher les singularités exotiques que tout ce qui peut véritablement contribuer à servir l'humanité. À ce point de vue, quel service éminent ne rend pas à l'avenir et à la civilisation le courageux missionnaire anglais Livingstone, qui s'occupe d'acclimater dans le continent africain le coton des États-Unis, dont la culture ne prospère dans le continent américain qu'au prix de toutes les horreurs de l'esclavage ! Le développement donné à la culture de la betterave n'a-t-il pas été le coup le plus sûr qui ait frappé le travail servile dans nos colonies ? Tout se lie dans le monde, et la science ne peut accomplir aucun progrès dans l'ordre physique sans qu'un autre progrès n'en devienne l'écho dans l'ordre moral.

Auguste Laugel.

Chapitre II

ISBN : 978-1534715271